软装配饰选择与运用

DECORATION
DESIGN

李江军　编

中国电力出版社
CHINA ELECTRIC POWER PRESS

内容提要

本系列图书分为《软装风格解析与速查》《软装色彩与图案搭配》《软装家具与布艺搭配》《软装配饰选择与运用》四册，图文结合，通俗易懂。软装中的点睛之笔应是配饰元素，饰品的布置与搭配需要设计师有着极高的审美眼光与艺术情趣。本书重点介绍灯饰照明、餐具摆设、装饰摆件、墙面壁饰、墙面挂画、花艺与花器、装饰收纳柜等七大类软装配饰的选择与搭配知识，对其中的经典案例做深入讲解，让软装爱好者对软装饰品的摆场与搭配法则做到心中有数。

图书在版编目（CIP）数据

软装配饰选择与运用 / 李江军编. —北京：中国电力出版社，2017.8（2018.5重印）
ISBN 978-7-5198-0846-4

Ⅰ. ①软… Ⅱ. ①李… Ⅲ. ①室内装饰设计 Ⅳ. ①TU238.2

中国版本图书馆CIP数据核字（2017）第140481号

出版发行：中国电力出版社
地　　址：北京市东城区北京站西街19号（邮政编码100005）
网　　址：http://www.cepp.sgcc.com.cn
责任编辑：曹　巍　联系电话：010-63412609
责任校对：常燕昆
装帧设计：王红柳
责任印制：杨晓东

印　　刷：北京盛通印刷股份有限公司
版　　次：2017年8月第一版
印　　次：2018年5月北京第二次印刷
开　　本：889毫米×1194毫米　16开本
印　　张：10
字　　数：280千字
定　　价：58.00元

前言

软装设计发源于欧洲，也被称为装饰派艺术。在完成了装修的过程之后，软装就是整个室内环境的艺术升华，如果说装修是改变室内环境的躯体，那么软装就是点缀室内环境的灵魂。

软装设计是一个系统的工程，想成为一名合格的软装设计师或者想要软装布置自己的新家，不仅要了解多种多样的软装风格，还要培养一定的色彩美学修养，对品类繁多的软装饰品元素更是要了解其搭配法则，如果仅有空泛枯燥的理论，而没有进一步形象的阐述，很难让缺乏专业知识的人掌握软装搭配。

本套系列丛书分为《软装风格解析与速查》《软装色彩与图案搭配》《软装家具与布艺搭配》《软装配饰选择与运用》四册，采用图文结合的形式，融合软装实战技巧与海量的软装大师实景案例，创造出一套实用且通俗易懂的读物。

软装设计首先要从风格入手，明确整个软装的设计主题。《软装风格解析与速查》一书重点介绍 11 类常见室内设计风格的软装搭配手法，并邀请软装专家王岚老师对其中 100 个经典案例进行专业剖析，让读者以最快的速度解各类风格的软装特点。

在软装设计中，色彩是最为重要的环节，色彩不仅使人产生冷暖、轻重、远近、明暗的感觉，而且会引起人们的诸多联想。《软装色彩与图案搭配》一书重点介绍墙面、顶面、地面等室内空间立面的色彩与图案构成，以及不同风格印象的常见色彩搭配，并邀请色彩学专家杨梓老师一方面对案例的背景色、主体色与点缀色进行分析，另一方面再给这些色彩搭配案例赋予如诗一般的意境，生动阐述色彩的搭配原理。

家具与布艺作为软装中的基本点，体现出居室总体色彩、风格的协调性。《软装家具与布艺搭配》一书重点介绍各个家居空间的家具布置与布艺软装知识，邀请对布艺搭配具有独到研究与创新的软装专家黄涵老师对其中一些经典案例进行专业解析，深入浅出地讲解家具与布艺基本的搭配法则。

配饰元素是软装中的点睛之笔，饰品的布置与搭配需要设计师有着极高的审美眼光与艺术情趣。《软装配饰选择与运用》一书重点介绍灯饰照明、餐具摆设、装饰摆件、墙面壁饰、墙面挂画、花艺与花器、装饰收纳柜等七大类软装配饰的选择与搭配知识，邀请软装专家王梓羲老师对其中的经典案例做深入讲解，让软装爱好者对软装饰品的摆场与搭配法则做到心中有数。

目录 contents

灯饰照明
搭配方案

灯饰是软装设计中非常重要的一个部分，在很多情况下，都会成为一个空间的亮点。每个灯饰都应该被看做是一件艺术品来看待，它所投射出的灯光可以使空间的格调获得大幅的提升。在一个比较大的空间里，如果需要搭配多种灯饰，就应考虑风格统一的问题。各类灯饰在一个空间里要互相配合，有些提供主要照明，有些提供气氛，而有些只是装饰。

◎中式风格灯饰照明

◎乡村风格灯饰照明

◎简约风格灯饰照明

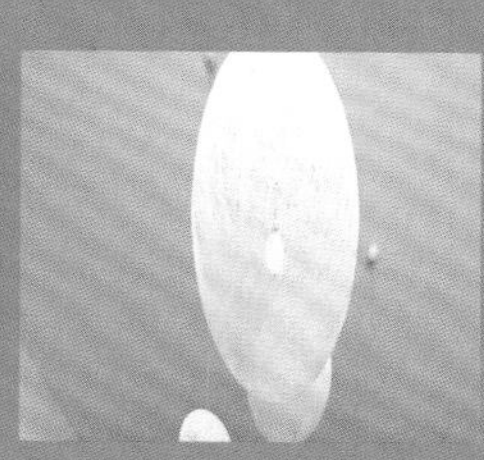

◎欧式风格灯饰照明

◎工业风格灯饰照明

神秘贵族气质

高耸峰立的哥特式蜡烛吊灯，造型考究，特别适合搭配古典欧式、美式风格的别墅。让整个空间散发出一种古老而神秘的贵族气质，仿佛带你穿越到了 14 世纪。

TIPS ▶ 欧洲古典风格的吊灯，来自古时人们的烛台照明方式，那时人们都是在悬挂的铁艺上放置数根蜡烛。如今很多吊灯设计成这种款式，将蜡烛改成了灯泡，但灯泡和灯座还是蜡烛和烛台的形成。

乡村风格客厅吊灯

客厅灯饰照明搭配

“ 客厅是家居空间中活动率最高的场所，灯光照明需要满足聊天、会客、阅读、看电视等功能。一般而言，客厅会运用主照明和辅助照明的灯光相互搭配来营造空间的氛围。

客厅灯具一般以吊灯或吸顶灯作为主灯，搭配其他多种辅助灯饰，如壁灯、筒灯、射灯等，此外，还可采用落地灯与台灯做局部照明，也能兼顾到有看书习惯的业主，满足其阅读亮度的需求。”

后现代风格客厅中的落地灯

挑高客厅中高低错落的吊灯

欧式田园客厅中极具复古风格的台灯

文人气息

简约线条造型的新中式灯，与实木线条的家具和格栅相得益彰，呈现出空间雅致而深沉的文人气息。

TIPS ▶ 新中式餐厅灯具的选择，常规的是按餐厅的面积及餐桌的形状来选择，长方形的餐桌可以搭配长方形的新中式灯具，圆形的餐桌搭配圆形的新中式灯具。

雅致内敛

新中式风格的灯饰相对于古典纯中式，造型偏于现代，线条简洁大方，只是在装饰上采用了部分中国元素。与同样有中式元素的床头柜、背景画融为一体，整体气质雅致内敛，中庸大度。

TIPS ▶ 床头柜上摆放的台灯装饰性要比功能性大些，一般属于氛围光源，切忌过于明亮，也应尽量选择暖光源。柔和温暖的点光源可以制造温暖放松的氛围。

木制吊扇灯

木质吊扇灯由于质地原因，比较贴近自然，所以常被用在复古又自然的风格当中，不仅是东南亚风格常用的灯具，还会被用在地中海风格和一些田园风格中。营造出轻松随意的度假氛围。

TIPS ► 吊扇灯在安装时要求层高尽量不要低于2.6m，如果层高偏高又没有加装吊杆，人站到风扇下面就会感觉到风量不是很理想；如果层高不够又加装了吊杆就会导致吊扇灯偏低，人会感觉到压抑，同时也存在安全隐患。

新中式台灯给卧室增加浓浓禅意

卧室灯饰照明搭配

卧室里一般建议使用漫射光源，壁灯或者 T5 灯管都可以使用。吊灯的装饰效果虽然很强，但是并不适用层高偏矮的房间，特别是水晶灯，只有层高确实够高的卧室才可以考虑安装水晶灯增加美观性。在无顶灯或吊灯的区域安装筒灯是很好的选择，光线相对于射灯要柔和。

蓝色吊灯给人扑面而来的浪漫雅致气息

线条造型的灯具表现简洁利落的特点

工业风格吊灯配合白色文化砖墙面体现复古情怀

枝形吊灯

在餐厅装饰中，我们经常采用悬挂式灯具，以突出餐桌，造型别致的枝形吊灯，让整个空间看起来高贵精致。暖色的光源也营造出温馨的用餐气氛。

TIPS ► 通常造型别致的吊灯装饰性强，照明功能相对弱，注意还要设置一般照明，保证整个餐厅有足够的亮度。

欧洲宫廷气息

欧洲古典风格的灯具设计被誉为“罗曼蒂克生活之源”，灯具不仅造型精美，做工也十分细腻，灯具的整体造型显得华贵而高雅，充满浓郁的欧洲宫廷气息。

TIPS ▶ 客厅角儿的台灯通常属于氛围光源，装饰性多过功能性，在颜色和样式的挑选上要注意跟周围环境协调，通常会跟装饰画或者靠包做呼应。

时尚气质

现代风格的灯具设计以时尚、简约为特征，多为现代感十足的金属材质，线条纤细简洁，颜色以白色、黑色、金属色居多。

TIPS ▶ 书房照明主要满足阅读、写作之用，要考虑灯光的功能性，款式简单大方即可，光线要柔和明亮，避免产生眩光，以方便舒适地学习和工作。

时代艺术感

现代风格定义很广泛，更贴近现代人的生活，材质也多为新材料，如不锈钢、铝塑板等。它包括很多种流派，如极简工业风、极简主义、后现代风等。总体来说造型简洁利落，注重现代感。

TIPS ▶ 根据不同的流派可搭配不同的灯饰。一般多搭配以几何图形、不规则图形的现代灯，要求设计创意十足，具有时代艺术感。重视灯具的线条感，追求新颖、独特、靓丽的装饰效果。

法式典雅

法式风格的卧室，浪漫梦幻，所以在台灯及壁灯的选择上可以有繁复的雕刻及精致的镶嵌，以突显奢华典雅的气质。样式上依然要注重与背景墙及床品床头的协调搭配。

TIPS ► 卧室属于私人的空间，在这个空间里可以随心所欲，在灯光的布置上一定不能有压抑感，光源选用暖黄色，以防使卧室显得呆板没有生气，营造温馨、舒适、愉悦的感觉。

热气球造型的小吊灯富有趣味性

彩色吊扇灯兼具美观与实用的功能

儿童房灯饰照明搭配

“儿童房里一般都以整体照明和局部照明相结合来配置灯具。整体照明用吊灯、吸顶灯为空间营造明朗、梦幻般的光效；局部照明以壁灯、台灯、射灯等来满足不同的照明需要。所选的灯具应在造型、色彩上给孩子一个轻松、充满意趣的感受，以拓展孩子的想象力，激发孩子的学习兴趣。灯具最好选择能调节明暗或者角度的，夜晚把光线调暗一些，增加孩子的安全感，帮助孩子尽快入睡。”

布置高低床的儿童房适合搭配吸顶灯

工业风格床头小吊灯搭配棒球手图案体现男性硬朗的特征

禅意

纸质灯造型越来越多样，可以跟很多风格搭配出不同效果。一般多以组群形式悬挂，大小不一、错落有致，极具创意和装饰性。纯白色搭配现代简约风格，更能给空间增加一分禅意。

TIPS ▶ 纸质灯的设计灵感来源于中国古代的灯笼，纸质灯有着其他材质灯饰无可比拟的轻盈质感和可塑性。那种被半透的纸张过滤成柔和、朦胧的灯光更是令人迷醉。

华丽水晶灯

婉转婀娜的楼梯是家里一道特别的风景，在这个地方布置吊灯一定要与楼梯和扶手的风格统一。大气的欧美风格楼梯，可以使用华丽的水晶灯来装饰增加华丽感。这样既保证了楼梯的照明，又极具装饰性。

TIPS ▶ 楼梯吊灯的亮度要适中，起到楼梯的照明功能即可，尽量避免局部过亮产生炫光。可以根据楼梯的宽窄和长短，调整吊灯的大小和长度。

铁艺烛台灯

铁艺烛台灯有很多种造型和颜色，简单而复古的造型，做旧的工艺，有种经过岁月洗刷的沧桑感。与同样没有经过雕琢的原木家具及粗糙的手工摆件是最好的搭配。它是地中海风格和乡村田园风格等一些自然风格的必选灯具。

TIPS ▶ 户外装饰灯具的选择相对要比室内更加粗糙一些，家具饰品也是如此，因为户外的空间要打造得更加惬意舒适，比室内空间更让人放松。

多层水晶吊灯

客厅是家居中最大的公共活动场所，客厅灯具的风格也是主人品位的一个重要表现，因此，客厅的照明灯具应与其他家具风格相谐调，营造良好的会客环境和家居气氛。美式、法式别墅客厅宜选择大一些，造型复杂、明亮且引人注目的多层水晶吊灯，以展现隆重奢华的氛围。

TIPS ▶ 客厅通常会运用主照明和辅助照明灯光交互搭配的照明配置，可以通过调节亮度和亮点，来增添室内的情调。但一定要保持整体风格的协调一致。

银色美感

ART DECO 室内装饰风格通过其独特的造型、奢华新颖的材料、绚丽的色彩成为时尚的代表。灯光色调和灯具的选择相当重要。灯具材质一般采用金属色如金色、银色、古铜色，具有强烈对比的黑色和白色。打造复古、时尚又极具现代感的奢华氛围。

TIPS ► 餐厅是人们进食的地方，灯光不仅需要柔美，而且还要能诱发人们的食欲，因此餐厅的照明，要求色调柔和、宁静，有足够的亮度，并且与周围的桌椅餐具相匹配，形成视觉上的美感。

现代简约风格中的铜艺小吊灯弥补白色吊顶的单调感

餐厅灯饰照明搭配

根据房间的层高、餐桌的高度、餐厅的大小来确定餐厅吊灯的悬挂高度，一般吊灯与餐桌之间的距离应为 55~60cm，过高显得空间单调，过低又会形成压迫感，因此，只需保证吊灯在用餐者的视平线上即可。另外，为避免饭菜在灯光的照射下产生阴影，吊灯应安装在餐桌的正上方。此外还要注意选购多盏吊灯组合款式时，容易存在安全隐患，安装时就要注意把它排列成等边三角形，使灯球受力均匀而不易破碎。

后现代风格餐厅中的吊灯极富装饰性

东南亚风格餐厅中的风扇灯搭配藤编吊顶

田园风格餐厅中的铁艺吊灯具有质朴自然的特点

彩绘玻璃灯

摩洛哥彩绘玻璃花灯越来越频繁地出现在居家装饰中，璀璨梦幻的光影给空间增色不少，想要用简单的方法轻松打造出异国情调，这样的灯具是不错的选择。

TIPS ▶ 这种彩绘玻璃灯是摩洛哥风格特有的标志，除了在摩洛哥风格中使用，搭配东南亚风格、后现代风格和复古工业风，都是不错的选择。

厨房灯饰照明

厨房灯具风格与整体空间协调一致。灯光色度要适中，以采用保持蔬菜水果原色的荧光灯为佳，厨房的特殊性决定了灯光更注重实用，厨房油污比较重，尽量不要装扮得过于花哨，以便于清洁；从节能上考虑，不需要安置太多的灯。

TIPS ► 厨房操作台的空间为了便于主妇洗涤切菜等，可用吸顶灯或者嵌入式灯具装在顶部，以提供充足的光线，需要特别照明的地方也可安装壁灯或轨道灯。

欢乐时光

灯光是带给儿童欢乐时光的重要工具，在为孩子挑选灯具时，可以选择造型可爱、色彩温馨的灯饰，但选择的灯色不能太过怪异，一般木质、纸质或者树脂材质的灯更符合儿童房轻松自然又温馨的氛围。

TIPS ▶ 儿童房选择灯具的原则以保护孩子的视力健康为主。孩子正处于生长发育期，对于学习照明的灯具来说，更重要的是在光源上是否符合孩子的实际需求。

高贵仪式感

欧式风格的别墅，通常会在门厅处或深入室内空间的交界处，正上方顶部安装大型多层复古吊灯，灯的正下方摆放圆桌或者方桌搭配相应的花艺。用来增加高贵隆重的仪式感。

TIPS ▶ 别墅门厅吊灯一定不能太小，高度不宜吊得过高，相对客厅的吊灯要更低一些，跟桌面花艺形成很好的呼应，灯光要明亮。

三角构图

玄关是整个家的门面，也是给人印象最深的空间，通常在玄关柜上会摆放对称的台灯作为装饰，有时候采用三角构图，摆放一个台灯与其他摆件和挂画协调搭配，中式风格中装饰台灯多以造型简单、颜色素雅的陶瓷灯为最佳选择。

TIPS ▶ 玄关柜通常会用台灯作为装饰，一般没有实际的功能性。颜色要与后面的挂画颜色形成呼应。

可以调节方向和高度的长臂台灯

书房灯饰照明搭配

如果是与客房和休闲区共用的书房，可以选择半封闭、不透明的金属工作灯，将灯光集中投到桌面上，既满足书写的需要，又不影响室内其他活动；若是在坐椅、沙发上阅读时，最好采用可调节方向和高度的落地灯。书房内一定要设有台灯和书柜用射灯，便于主人阅读和查找书籍。台灯宜用白炽灯，功率在 60 W 左右为宜，台灯的光线应均匀地照射在读书写字的区域，不宜离人太近，以免强光刺眼，长臂台灯特别适合书房照明。

书柜中安装灯带方便查找书籍

铜艺吊灯依旧是新古典风格书房的最佳选择

铁艺与羊皮材质结合的新中式风格吊灯

鸟笼灯

鸟笼这个传统文化元素越来越多地被运用到室内装饰中，鸟笼花艺、鸟笼烛台、鸟笼灯具都是新中式风格中最经典的装饰品。给整个空间增添了鸟语花香，诗情画意的人文气质。

TIPS ► 鸟笼造型的灯具多种多样，有台灯、吊灯、落地灯等，居家用的吊灯要注意层高要求，房间层高较矮的不适合悬挂，会让屋顶看起来更矮，给人压抑感。面积较大的空间，如大型餐厅，以大小不一、高低错落的悬挂方式作为顶部的装饰和照明效果更佳。

摇臂壁灯

书房的墙面上安装了双头摇臂的壁灯，长杆分支可以拉伸充当阅读区的照明作用，短杆分支可以就近满足榻榻米上的照明需求，同时这种偏工业化的外观也很好地与北欧风格形成了呼应。

TIPS ▶ 长短杆的工业风壁灯不但功能性十分强，对于不同区域可以体现分体照明的作用，同时外观造型十分出众，用在简约风格的空间中装饰效果非常好。

楼梯照明

楼梯间的照明壁灯上下呼应形成了本空间的亮点，楼梯间需要必要的光源，在选择上也很讲究，如本案的壁灯与楼梯的款式有着密切的联系，铁艺的灯体呼应楼梯栏杆。

TIPS ▶ 楼梯间照明的方式可以有很多种，利用壁灯采光的方式也是常用的，但是在选择上却很有讲究，需要跟楼梯整体搭配协调，安装高度不宜过低，不要追求美观而影响使用。

展现欧式华丽气息的水晶吊灯

楼梯过道灯饰照明搭配

一般只有两层的别墅，楼梯灯可以用吊灯垂吊在中间，但如果有 3~4 层或更多时，特别是楼梯不是环绕型的时候，就不宜使用吊灯。因为吊灯的体积会比较大，安装麻烦，花费比较高，这时可以考虑使用轻便的壁灯，一层安装一个，高度在 1800mm 左右。此外还可以设计照亮踏步的地灯，辅助楼梯的主灯照明，增加安全性。

现代简约风格楼梯过道中的吊灯

多个高低错落的圆形吊灯

乡村自然风格楼梯过道中的吊灯

多头吊灯

餐厅中多头、连线并高低错落的灯具形成了很好的视觉焦点，灯具自身的多点光源也有很强的装饰性，为原本丰富的空间增添活力。连体多点垂挂式的灯具可以在故事性或主题性很强的区域空间中进行布置，丰富空间软装的多样性。

花瓣形壁灯

儿童房在墙面彩绘卡通植物的基础上，特别选择了花瓣形的壁灯充当彩绘墙上的花朵，显得非常逼真且具有动感，整体看起来仿佛现实版的童话世界。

TIPS ▶ 儿童房的壁灯有非常多的款式，挑选的时候可以考虑与墙面的其他装饰效果相互匹配，以达到特别的效果。需要注意的是，这种做法需要在早期就选好墙面图案和灯具的形状，在墙面上定位好电线的位置才能确保准确无误。

飞机卡通灯

儿童房采用飞机卡通灯的方式，配合墙面和地面上交通工具图案的软装饰品，形成了很好的儿童房主题设计。

TIPS ► 挑选儿童房的中央吊灯时，可以考虑选择一些富有童趣的灯具。一方面可以和空间中其他装饰效果相匹配，另一方面，童趣化的灯具一般成本不是太高，便于今后根据儿童的年龄阶段随时更换。

墙面壁饰
搭配方案

壁饰是指利用实物及相关材料进行艺术加工和组合，与墙面融为一体的饰物。镜子、挂盘、壁毯、壁画、工艺挂件等都属于其中的一种。运用镜子做装饰既能起到掩饰缺点的作用，又能够达到营造居室氛围的目的；以盘子作为墙面装饰，不局限于任何家居风格，各种颜色、图案和大小的盘子能够组合出或高贵典雅，或俏皮可爱的不同的效果。

中式风格墙面壁饰

乡村风格墙面壁饰

简约风格墙面壁饰

欧式风格墙面壁饰

复古风格墙面壁饰

铁艺壁饰

美式乡村风格悠闲而自由，墙面色彩通常自然、怀旧、散发着浓郁的泥土的芬芳，饰品的选择倾向于自由、质朴而怀旧，选择具有怀旧气息的铁艺制品或老照片、手工艺品等作为墙面的装饰，营造宁静而闲适的田园生活。

TIPS ▶ 美式风格的墙面饰品可以天马行空地自由搭配，不用整齐有规律，铁艺材质的墙面装饰和挂画镜子都可以挂在一面墙上，自由随意就是美式风格的灵魂所在。

与墙面融为一体的装饰挂镜

别墅中多把挂镜安置在壁炉上方

墙面挂镜搭配

“如果使用镜子装饰墙面，最好将其安装在与窗子平行位置的墙面上，这样做最大的好处是可以将窗外的风景引到室内，从而大大加强居室的舒适感和自然感。如果无法将镜子安装在与窗平行的位置，那么就要注意镜面的反射物的颜色、形状与种类。一般镜面的反射物越简单越好，否则很容易使室内显得杂乱无章。可以在镜子的对面悬挂一幅画或用白墙加大房间的景深。”

通过麻绳悬吊的挂镜更像一件艺术品

从小而大趣味排列的挂镜

餐厅墙面挂镜具有丰衣足食的美好寓意

花草元素

乡村田园风格常用花草、动物、陶瓷等元素来点缀，实物装饰的立体画比平面画更能营造浓郁的自然氛围。

TIPS ► 直接以壁面作为背景的实物画颜色的搭配要协调，通常浅色的背景有非常好的衬托作用。

铜制壁饰

东南亚和新中式风格里的元素在精不在多，选择壁饰时注意留白和意境，若营造沉稳大方的空间格调，选用少量的木雕工艺饰品和铜制品点缀有画龙点睛的作用。

TIPS ► 铜容易生锈，在选用铜作为饰品时要注意做好护理以防生锈。

以简为美

极简风格中以简约宁静为美，饰品相对比较少，选择少量的壁饰以实物装饰画的形式分布整面墙壁，能点亮整个空间。

TIPS ► 在饰品比较少的空间里，注重元素之间的协调，选择壁饰的时候更注重意境的刻画。

金色壁饰

后现代风格里常用黑色搭配金色来打造酷雅、奢华的空间格调，金色金属饰品占据相对大的比例，金色的壁饰搭配同色调的烛台或桌摆可以协调出典雅尊贵的空间氛围。

TIPS ► 在使用金属饰品来作为主要装饰的时候，注意添加适量布艺、丝绒、皮革等软性饰品来调和金属的冷与硬，烘托华丽精致的感觉，平衡整个家居环境的氛围。

雅致沉稳

新中式风格雅致而沉稳，常用字画、折扇、瓷器等作为饰品装饰，注重整体色调的呼应、协调，沉稳素雅的色彩符合中式风格内敛、质朴的气质，荷叶、金鱼、牡丹等具有吉祥寓意的饰品经常作为壁饰用于背景墙面装饰。

TIPS ► 中式家居讲究层次感，选择组合型壁饰的时候注意各个单品的大小选择与间隔比例，并注意平面的留白，要大而不空，这样装饰起来才有意境。

不规则几何图形的照片墙布置

居家照片墙搭配

“照片墙缘于居住者对于家庭生活的热爱，而对于装饰风格来说，照片墙则更多地迎合了当前复古和简约潮流的盛行。照片墙的排列方式有规矩型排列和自由式排列两种。一组由多幅单体照片画组成的主题式照片墙，在墙面悬挂时可以将处于内部的多个照片画任意组合调整，只要保持处于最外延的几幅挂画能够形成比较规则的几何图形，就可以组成相对漂亮的主题式照片墙。”

形状大小不一的照片墙布置

乡村风格家居通常选用做旧的木质相框

黑白色调的照片墙布置

规则几何图形的照片墙布置

金色富贵

餐厅如果是开放式空间，应该注意饰品在空间上的连贯性，在色彩与材质上的呼应，并协调局部空间的气氛，餐具的材料如果是带金色的，在墙面饰品中加入同样的色彩格调，有利于空间氛围的营造与视觉的流畅，使整个空间的气息更和谐。

TIPS ► 在整体偏冷雅的环境中加入金色能增加富贵与温暖感，但金色不宜过多，根据整体色调选择一定的比例进行点缀，用于墙壁装饰的时候宜轻便有立体感，注意层次的排列。

扇子壁饰

扇子是古时候文人墨客的身份象征，有着吉祥的寓意。圆形的扇子饰品配上长长的流苏和玉佩，是装饰背景墙的最佳选择，通常用在中式风格和东南亚风格的客厅和卧室装饰。

TIPS ▶ 卧室作为休息的地方，色调不宜太重太多，光线亦不能太亮，以营造一个温馨轻松的起居氛围，背景墙装饰的选择应选择图案简单，颜色沉稳内敛的饰品，给人以宁静和缓的心情，利于高质量的睡眠。

童趣壁饰

儿童房的装饰宜安全、创新有童趣，颜色相对鲜艳而温暖，墙面可以是儿童喜欢的或引发想象力的装饰，如儿童玩具、动漫人物、小动物、小昆虫、树木等，根据儿童的性别选择不同风格的饰品，应该鼓励儿童多思考多接触自然。

TIPS ▶ 儿童房的装饰要考虑到空间的安全性以及对身心健康的影响，通常避免大量的装饰，不用玻璃等易碎品或易划伤的金属类饰品，而预留多的空间来自主活动。

宜静宜雅

茶室在中式风格里比较常见，是供饮茶休息的地方，宜静宜雅，装饰少而又少，或仅用一两幅字画、些许瓷器点缀墙面，以大量的留白来营造宁静的空间氛围。

TIPS ► 茶室的壁饰，可选择具有自然而和缓格调的、带有山水的艺术感元素，如莲叶、池鱼、流水等，与茶水文化气质相呼应，饰品的选择宜精致而有艺术内涵。

卫生间壁饰

卫生间光线较其他地方小且光线偏暗，湿度大，装饰画不利于保存，选择防水耐湿材料的立体壁饰来装饰更合适，为保持卫生间整洁安静的格调，选择具有自然气息的造型让空间氛围更轻松愉悦。

TIPS ▶ 卫生间的装饰量不宜过多过大，颜色以低调简单为佳，少量的点缀即可。

三个一组的花鸟图案挂盘是美式乡村风格空间的首选

白色挂盘组合代替了装饰画

墙面挂盘搭配

挂盘的图案一定要选择统一的主题，最好成套使用。妆点墙面的盘子，一般不会单只出现，普通的规格起码要三只以上，多只盘子作为一个整体出现，这样才有画面感，但要避免杂乱无章。主题统一且图案突出的多只盘子巧妙地组合在一起，才能起到装饰画的效果。

青花图案挂盘给法式乡村风格空间增添混搭意韵

多个大小不一的挂盘组成规则图形

泼墨图案的挂盘组合给空间以遐想

自然活力

过道的驻足时间不长，但装饰不可忽略，通常除了装饰画以外，在墙面上悬两束花草也能起到较好的装饰作用，增添自然活力，为过道营造一个轻松自然的氛围。

TIPS ► 并不是所有的花都适合放在花架上或室内，要根据花的习性和室内的采光选择合适的植物，也可选择仿真系列的花，以轻便易打理为佳。

树枝造型壁饰

别致的树枝造型壁饰有多重材质，陶瓷加铁艺，或者纯铜加镜面，都是装饰背景墙上佳选择。相对于挂画更加新颖，有创意。给人耳目一新的视觉体验。

TIPS ► 用整体壁饰装饰背景墙，墙面最好是做硬包或者软包处理之后的，这样效果更加精致，但底色不能太深，也不能太花哨。

青花瓷壁饰

青花瓷作为装饰品气质明朗而安定，是居家设计中永不过时的经典装饰品。青色是一种安定而宁静的颜色，将青花瓷用于壁饰，既能远观又能近赏，能达到“远看颜色近看花”的作用，不仅中式风格适用，其他风格如法式风格、美式风格也都能搭配出不一样的效果。

TIPS ► 用青花瓷作为墙壁装饰的空间，如果再加上其他位置青花纹样的呼应，如青花花器或者布艺装饰点缀一二，效果更佳。

自制壁饰

在休闲式的风格里壁饰的选择相对比较随性，普通的小布板或易拉罐改造，自制 DIY 的最大特点是自己动手打造“限量款”。

TIPS ▶ 如果厌倦了工业风的千篇一律，DIY 是个贴近自然、创新发明的好选择。

软硬结合

同空间的元素在风格上统一才能保持整个空间的连贯性，将壁饰的形状、材质、颜色与同区域饰品保持一致，可以营造出非常好的协调感。

TIPS ► 壁饰根据装饰材料分软装饰跟硬装饰，在材料质感与装饰手法上给人不同的感受，将柔和感的平面画作镶嵌在硬质材料里，能软化材料带来的生硬感，起到非常好的平衡作用。

墙面壁毯搭配

“在悬挂壁毯时要根据不同的空间进行色彩搭配。例如现代风格的空间，整体以白色为主，壁毯应选择鲜亮、活泼的颜色。色彩浓重的壁毯比较适合过道的尽头或者大面积空置的墙面，可以很好地吸引人的视线，起到特别的装饰效果。”

色彩浓重的壁毯呼应稳重大方的空间气质

挂毯色彩图案与家具布艺形成呼应

放射形图案的壁毯给人以动感之美

镜子壁饰

餐厅的装饰墙面上，除了常用的装饰画、挂盘等元素之外，可以考虑采用镜子来点缀墙面。一是采用同种风格的镜框来呼应整体；二是镜面对于空间有一定的延伸感，可以扩大视觉空间；三是镜子对着餐厅，也具有招财的寓意。

装饰挂盘

电视墙上选择性地挂放了一些符合空间主题的装饰挂盘，恰到好处地表达出了地中海风格的特色，给人以遐想空间。

TIPS ► 墙面的挂盘有多种风格可以挑选，恰当地选择符合空间主题的挂盘，能够起到吸引眼球的作用。这些挂盘最好在木工阶段就安装好预埋的木栓，便于挂钉。

楼梯墙面壁饰

楼梯的墙面几乎没有空白之处，被各种饰品填满，装饰画、镜子、挂钟以及立体的壁挂装饰等，错落有致地顺着楼梯的墙面向上延伸，形成了本空间最大的亮点。

TIPS ► 楼梯的墙面一般是家中比较大块的墙面，设计时一定要很好地利用起来，家庭的各种照片，或者旅游带回来的装饰品都可以悬挂在这面墙上，彰显自己的个性。

电影海报

在黄蓝时尚撞色的书房空间中，以大幅的电影海报装饰墙面，不但以重复的形式感来冲击视觉效果，而且电影海报对于书房的软装也是一个非常不错的选择。

TIPS ► 布置年轻时尚的书房的墙面软装时，用电影海报组成装饰墙是一个不错的选择。但由于装饰海报的颜色有很多种，在挑选时要使总的色彩倾向与空间中的主色调协调，不要盲目乱选。

墙面挂画
搭配方案

装饰画是软装设计中常用的配饰，具有很强的装饰作用，在家居空间中的适当位置悬挂装饰画既可以美化环境，又可以给家中带来艺术气息。居室内最好选择同种风格的装饰画，也可以偶尔使用一两幅风格截然不同的装饰画做点缀，但不可形成眼花缭乱的效果。另外，如果装饰画特别显眼，同时风格十分明显，具有强烈的视觉冲击力，最好按其风格来搭配家具、布艺等配饰。

◎中式风格墙面挂画

◎乡村风格墙面挂画

◎简约风格墙面挂画

◎欧式风格墙面挂画

古典油画

古典欧式风格的空间选择复古题材的人物或风景油画能使空间更丰富。油画具有贵族气质，色彩明快亮丽，主题传统生动，从颜色、格调上跟软饰相呼应使空间更加流畅，成为更精致的风景。

TIPS ►

装饰画的画框往往在材质、颜色上与家具，墙壁的装饰协调，或简单，或尊贵，采用金色奢华大气，而银色沉稳低调。厚重质感的画框对古典油画的内容、色彩起到良好的衬托作用。

简约风格客厅中的装饰画搭配

墙面挂画风格搭配

家居装饰画应根据装饰风格而定，欧式风格建议搭配西方古典油画作品；田园风格则可搭配花卉题材的装饰画；中式风格适合选择中国风强烈的装饰画，水墨、工笔等风格的画作比较适合；现代简约的装饰风格较适合年轻一代的业主，装饰画选择比较灵活，抽象画、概念画以及未来题材、科技题材的装饰画等都可以尝试；后现代风格特别适合搭配一些具有现代抽象题材的装饰画。

美式风格客厅沙发后的照片墙

欧式风格客厅中的装饰画搭配

时尚风格客厅中的装饰画搭配

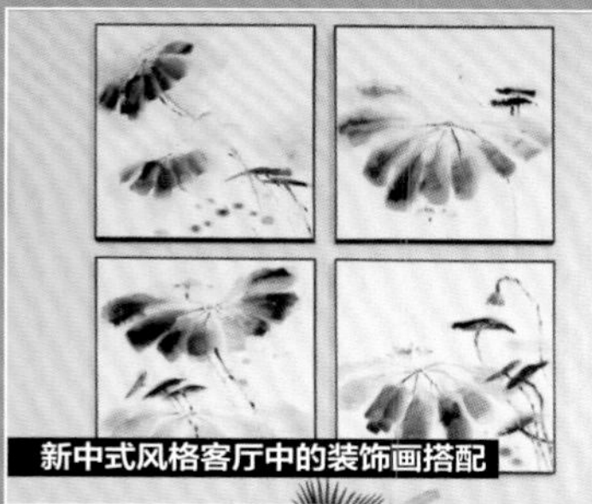

新中式风格客厅中的装饰画搭配

唯美诗意

新中式风格兼具中式元素与现代材质，装饰画通常采取大量的留白，渲染唯美诗意的意境。画作的选择以及与周围软饰的层次构造非常的关键，选择色彩淡雅，题材简约的装饰画，无论是单个欣赏还是搭配花艺等陈设都能美成清雅含蓄的散文诗。

TIPS ▶ 装饰画的选择同现场的陈设以及空间形状相呼应，根据贴画区域大小选择画框的形状跟数量，通常用长条形的组合画能很好地点化空间，内容可用水墨画或带有中式元素的写意画，可选择完全相同的或主题成系列的山水、花鸟、风景等装饰画。

点亮视觉

好的软装陈设有从不同角度看都有和谐美丽的共同点。壁画的鲜亮色彩能点亮一个灰暗、冷硬的空间，选择跟花艺相同的内容能让画作从平面跳脱到立体空间中，并能跟空间陈设呼应紧密，组成新的空间立体画。

TIPS ▶ 现代简约风格中选择带亮黄、橘红等色彩的装饰画能点亮视觉，暖化大理石、钢材构筑的冷硬空间。

乡村田园

乡村田园风格的特点是给人放松休闲的居住体验，颜色清新，鸟语花香的自然题材是空间搭配的首选。装饰画与布艺靠包的印花可以都选择相同或相近的系列，使空间具有延续性，能将空间非常好地融合在一起。

TIPS ► 乡村风格题材的选择以让人感觉自然温馨为佳，画框也不宜选择过于精致的，以复古做旧的实木或者树脂相框最为适宜。

轻奢风挂画

现代轻奢空间于浮华中保持宁静，于细节中彰显贵气。抽象画的想象艺术能更好地融入这种矛盾美的空间里，以拼接的方式大幅组合，给人以强烈的视觉冲击，大气奢华，令人印象深刻。

TIPS ▶ 轻奢风的装饰画画框以细边的金属拉丝框为佳，与同样材质的灯具和饰品摆件完美呼应，给人以精致奢华的视觉感受。

怀旧氛围

美式乡村风格以自然怀旧的格调凸显舒适安逸的生活。装饰画的主题多以自然动植物或怀旧的照片为主，凸显自然乡村风格，画框多为擦漆做旧的棕色或黑白色实木框，造型简单朴实。

TIPS ▶ 以老照片的方式来布置装饰画是个非常好的选择，凸显休闲怀旧的情怀，根据墙面大小选择合适数量的装饰画错落有致地排列。

金属边框的黑白装饰画是后现代风格客厅的最佳选择

客厅墙面挂画搭配

“ 装饰画是客厅软装中必不可少的配饰，除了在画面选择上有所讲究，画的大小尺寸都要注意，就连挂画的高度也不能马虎。装饰画宽度最好略窄于沙发，可以避免头重脚轻的感觉。装饰画的中心线在视平线的高度上，能起到很好的装饰效果。沙发旁边的书柜、壁柜、落地灯或是窗户都可作为挂画的参考。比如，参考书柜的高度和颜色，可选择同样颜色的画框，挂画高度与书柜等高，让墙面更具整体感。”

层高较高的客厅墙面适合选择竖向的三联装饰画

多幅抽象图案的装饰画组成一面照片墙

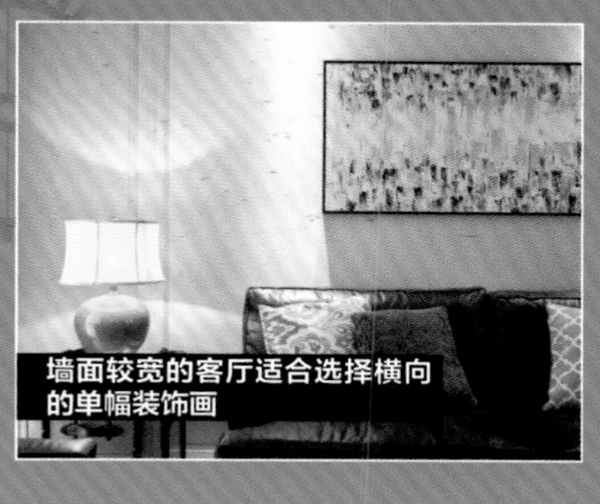

墙面较宽的客厅适合选择横向的单幅装饰画

北欧风格客厅通常选择无框装饰画

视觉反差

现代时尚风格的家居设计简约明快、时尚大方，在黑白灰的格调中用明黄色的抽象画提亮空间，形成视觉的极大反差，是打造另类个性的空间的不二选择。

TIPS ► 现代时尚空间中的装饰画尽量选择单一的色调，但可以与分布在不同位置，不同材质的家居饰品作为呼应。靠包、地毯和小摆件都可以和画作的颜色进行完美融合。

自然宁静

北欧风格以简约著称，有回归自然崇尚原木的韵味，也有时尚精美的艺术感。装饰画的选择也应符合这个原则，抽象的主题，简约的色调，明朗的线条，简而细的画框有助营造自然宁静的北欧风情。

TIPS ▶ 北欧风格的家居中装饰画的数量不宜过多，注意整体空间的留白。题材或现代时尚，或自然质朴。

端庄素雅

新中式是传统与现代的融合，时尚而富有文化底蕴，沉稳的棕色搭配白绿色显得庄重而活泼，给传统文化家居加入新的气息，装饰画选择同样的色调组合呼应软饰，延续淡雅而清爽的空间格调。

TIPS ► 新中式的装饰细节上崇尚自然，花鸟鱼虫的主题是不会过时的选择，保持了传统的风骨，依然端庄素雅，也凸显了现代简约的格调。

床背较高的卧室可以选择在床头两侧墙面挂画

卧室墙面挂画搭配

“卧室是主人的私密空间，装饰上追求温馨浪漫和优雅舒适。除了婚纱照和艺术照以外，人体油画、花卉画和抽象画也是不错的选择。另外，卧室装饰画的选择因床的样式不同而有所不同。线条简洁、木纹表面的板式床适合搭配带立体感和现代质感边框的装饰画。柔和厚重的软床则需选配边框较细、质感冷硬的装饰画，通过视觉反差来突出装饰效果。”

利用床侧边的墙面挂画

两幅形状各异的挂画富有趣味性

利用床尾墙面装饰照片墙

鲜艳色彩的装饰画点亮整个空间

波普风格

波普风格通过塑造夸张的、大众化、通俗化的方式展现波普艺术。色彩强烈而明朗，设计风格变化无常，浓烈的色彩充斥着大部分视觉，装饰画通常采用重复的图案、鲜亮的色彩渲染大胆个性的气质。

TIPS ▶ 解构、拼接、重复为波普风格的基础手法，圆点、条纹、菱形以及抽象的图案是最常用的元素。

玄关挂画

玄关是居家设计中的重中之重，而装饰画位置吸引着大部分的视线，作为整个空间的“门面担当”，画的选择的重点是题材、色调，其以吉祥愉悦为佳，并与整体风格协调搭配。

TIPS ► 玄关通常贴一幅画装饰就可以了，尽量大方端正，并需考虑与周边环境的关系。

新中式意境

新中式客厅庄重且耐看，而沙发背景墙是整个客厅的中心位置，这里的画主题跟色调宜沉稳大方，富有文化底蕴，黑框留白的中式画是非常好的选择，符合整体静谧素雅的氛围。

TIPS ► 客厅是整个家居空间中的重中之重，客厅的摆设、颜色一定程度上反映了主人的个性与品位。装饰画宜精不宜多，通常不超过三幅，寓意乐观祥和，且宜符合整个空间的格调。

荷花图案的挂画给餐厅带来中式清幽的意境

餐厅墙面挂画搭配

“餐厅一般可搭配一些人物、花卉、果蔬、插花、静物、自然风光等题材的挂画，吧台区还可挂洋酒、高脚杯、咖啡等现代图案的油画。如果餐厅与客厅一体相通时，装饰画最好能与客厅配画相协调。装饰画未必要采取悬挂的方式，与餐边柜宽度相似的装饰画横向摆放在餐边柜上也是一种特别的装饰方式，比起挂画，这种方法更加灵活简便。”

梦露图案的黑白装饰画适合复古风格餐厅

装饰画色彩与餐椅形成呼应

餐厅适合选择橙色与黄色等暖色调图案的挂画

视觉流动感

餐厅是让人愉快用餐、放松交流的地方，装饰画在色彩与形象上都要符合用餐人的心情，通常橘色、橙黄色等明亮色彩能使人身心愉悦，增加食欲，图案以明快、亮丽为佳。

TIPS ▶ 如果在餐桌上搭配同色系的花艺，能形成非常好的视觉流动感，并使空间协调且富有层次感。

宁静致远

书房是个安静而富有文化气息的区域，中式书房内的画作宜静而雅，以营造轻松的阅读氛围，渲染“宁静致远”的意境。用书法、山水、风景内容的画作来装饰书房通常是最佳选择，也可以选择主人喜欢的题材或抽象题材的装饰画。

TIPS ▶ 书房的装饰画在题材与色调上都宜轻松而低调，让进入书房的人能够安静而专注地阅读和思考。

色彩呼应

床头的抽象油画强调色彩在工业风空间中的作用。以随意摆放的形式，不矫揉，不刻意，带来轻松、慵懒的感觉。画面中的几种色彩，又恰好与床头、摆件、床品、靠枕，百叶窗帘相互呼应，使空间中的各个颜色要素更加融合而不突兀。

诉说优雅

装饰画在欧式风格中的点缀尤为重要，装饰画框内留白，与背景墙上的白色护墙板相得益彰，饱具韵味的画面内容和沉稳的色彩与菱形地砖呼应，凸显了墙面的层次；错落有序的大小组合更能让人感受到空间无处不在诉说的优雅，体现居住者的文化底蕴。

过道端景

过道端景利用照片墙的形式进行装饰，有效地将端景柜与墙面紧密地结合在一起，加上装饰画内容的统一，让整个端景更具体、更完整。

TIPS ▶ 小幅装饰画一起布置墙面，注意每一幅装饰画的比例控制，需要有一到两幅区别于其他的大尺寸作为中心，同时装饰画的边框也可以个别有色彩跳跃做深浅搭配，使墙面显得更丰满。

新中式风格书房墙面挂画

书房墙面挂画搭配

每个家居功能空间布置装饰画的方式各不相同，需要掌握一定的技巧。书房要营造轻松工作、愉快阅读的氛围，选用的装饰画应以清雅宁静为主，色彩不要太过鲜艳跳跃。中式的书房可以选择字画、山水画作为装饰，欧式、地中海、现代简约等装修风格的书房则可以选择一些风景或几何图形的内容。书房里的装饰画数量一般在 2~3 幅，尺寸不要太大，悬挂的位置在书桌上方和书柜旁边空墙面上。

乡村风格书房适合选择做旧工艺的墙面挂画

装饰画的色彩与墙面形成相似色的搭配

简约风格书房墙面挂画

抽象画面

客厅中抽象装饰画的运用展现了设计师的巧思，符合法式混搭空间的主题，精致而不厚重，相比那些具象的人物，景观更具有现代感和设计感。同时橙色装饰画和紫色搭巾在同一个饱和度上，打造了客厅视觉的焦点，也衬托了客厅区域浅色调的家具，对比色运用也彰显对细节的把握。

金色画框

墙面装饰画的金色画框，红色人物图案与金色的床靠背边框以及抱枕等元素在空间中相互呼应，形成了一个整体。在实际的软饰搭配中，这种方法也很常用，在保持元素间的两两或者多重关联后，将会使空间的整体性更加突出。

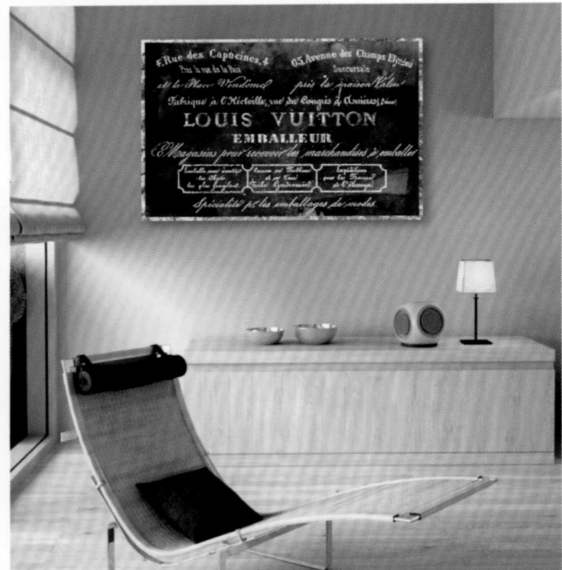
LOUIS VUITTON
EMBALLEUR

◎中式风格装饰摆件

◎乡村风格装饰摆件

◎简约风格装饰摆件

◎欧式风格装饰摆件

装饰摆件搭配方案

装饰摆件就是平常用来布置家居的装饰摆设品。木质装饰摆件给人一种原始而自然的感觉；陶瓷摆件大多制作精美，很具艺术收藏价值；玻璃装饰摆件的特点是玲珑剔透、晶莹透明、造型多姿；树脂可塑性好，可以被塑造成动物、人物、卡通等形象；金属工艺饰品风格和造型可以随意定制，以流畅的线条、完美的质感为主要特征，几乎适用于任何装修风格的家庭。

庄重雅致

中式风格有着庄重雅致的精神，饰品的选择与摆放延续着这种手法并有着极具内涵的精巧感，在摆放位置上选择对称或并列，或者按大小摆放出层次感，达到和谐统一的格调。

TIPS ► 中式风格中注重视觉的留白，有时会在局部点缀一些亮色提亮空间色彩，比如传统的明黄、藏青、朱红色等，塑造典雅的传统氛围。

装饰摆件搭配要点

“ 首先，在摆设时要考虑到颜色的搭配，和谐的颜色会带给人愉悦的感觉。可以先把摆件按照颜色来分类，然后再根据自己的创意来打造淡雅、温馨或者个性前卫的风格。其次，摆件的数量不应太多。摆件只是起到点缀的作用，数量过多的话会让家中失去原本的风格，并且整个空间看起来也会比较的凌乱。最后，摆件在布置时也要根据高低次序以及宽度大小等错落有致的放置，最好的方式是将高的放在最后面，然后依据高低次序摆放。”

里高外低次序布置摆件

一两个摆件足以点明空间的风格主题

黄色花瓶摆件成为空间中的点睛之笔

摆件与墙面挂画形成色彩上的呼应

自然简朴

美式乡村风格摒弃了奢华，并将不同的元素加以汇集融合，突出“回归自然”的设计理念，设计与材料上的使用相对广泛，其质朴的性格兼容许多元素，金属、藤条、瓷器、天然木、麻织物等都能以质朴的方式互相融合，创造自然、简朴的格调。

TIPS ▶ 青花瓷宁静天然的特质能自然地融合于乡村风格中，更显清婉惬意的格调，用于花器或单独装饰等都可使用。

现代风格摆件

现代风格重简约实用，饰品不用过多，以个性前卫的造型，简约的线条和低调的色彩为宜，抽象人脸摆件，人物雕塑，镜面的金属摆件是现代风格最常见的装饰品。

TIPS ► 现代风格中的饰品或简约或富有个性，如简单的书籍组合，造型独特的雕塑，以简约的线条为主，展现现代装饰的个性与美感。

金属烛台

法式风格端庄典雅，高贵华丽，饰品通常选择精美繁复、高贵奢华的镀金镀银器或描有繁复花纹的描金瓷器，大多带有复古的宫廷尊贵感，以符合整个空间典雅富丽的格调。

TIPS ► 法式风格中通常用组合型的金属烛台搭配丰富的花艺，并以精美的油画作为背景，营造高贵典雅的氛围。

富有禅意

东南亚风格独具东南亚民族岛屿特色与精致文化品位，静谧而雅致，其装饰品与其整体风格相似，自然淳朴、富有禅意。所以饰品多为带有当地文化特色的纯天然材质的手工艺品，如粗陶摆件、藤或麻装饰盒、大象、莲花、棕榈等，富有禅意，充满淡淡的温馨与自然气息。

TIPS ▶ 东南亚风格装饰无论是材质或颜色都崇尚朴实自然，饰品色彩大多采用原始材料的颜色，如棕色系、咖啡色、白色等颜色，营造古朴天然的空间氛围。

北欧风格

北欧风格简洁自然，装饰材料多质朴天然，空间主要使用柔和的中性色进行过渡，自然清新，饰品相对比较少，大多数时候以植物盆栽、蜡烛、玻璃瓶、线条清爽的雕塑进行装饰，室内几乎没有纹样图案装饰，北欧风格中那份简洁宁静的特质是空间精美的装饰。

TIPS ▶ 北欧风格中的饰品布置相对随性自然，可直接置于地面，饰品色彩与主体风格呼应，以米色、白色、浅木色为主，展现材质原始的纹理，呈现更接近大自然的原生态美感。

桌面上的摆件形成稳定协调的摆场效果

装饰摆件构图法则

“桌面的摆饰经常会以多种饰品来组合呈现。在不同类别的物件摆设上，要注重摆放位置的构图关系。如三角形、S 形等不同方式的摆放，会使桌面形成不同的装饰效果，但前提是构图必须要稳定，这样才能形成协调的感觉，否则看上去就会很乱。”

集中摆设在一侧的玻璃花瓶给人以轻盈灵动的视觉感受

呈三角形布置的摆件

多个摆件之间要注意摆放位置的构图关系

东方韵味

中式的客厅室内布局多采用对称式方式，格调高雅，造型简朴优美。在陈设摆件和花器上多以陶瓷制品为主，盆景、茶具也是不错的选择。既能体现出主人高雅的品位与性格，又能营造端庄融洽的气氛，但还应注意饰品摆放的位置不能遮挡人们正常的视线。

TIPS ► 中式摆件精雕细琢、瑰丽奇巧，庄重与优雅并存，独具中国韵味，在家居装饰中给人美的享受，亦可调节家居风水。

简洁和谐

卧室的装饰宜给人营造轻松温暖的休息环境，装饰简洁和谐比较利于人的睡眠，饰品不宜过多，除了装饰画、花艺，点缀一些首饰盒、小工艺品就能让空间提升氛围。

TIPS ▶ 卧室床头柜放一组照片配合花艺、台灯能让卧室倍加温馨。

书香气息

书房是个阅读学习的宁静空间，也是个收藏区域，所以这里的饰品以收藏品为主，可以选择有文化内涵或贵重的收藏品作为装饰，与书籍、个人喜欢的小饰品搭配摆放，按层次排列，整体以简洁为主。

TIPS ▶ 书房的空间以安静轻松的格调为主，所以饰品颜色不宜太亮、造型避免太怪异，以免给进入该区域的人造成压抑感。

禅意主题

玄关的装饰设计是整个空间设计的浓缩，饰品宜简宜精，饰品与花艺搭配，打造一个主题，是常用的和谐之选，中式风格中，花艺加鸟形饰品组成花鸟主题，让人感受鸟语花香、自然清新的气氛。

TIPS ▶ 玄关的简洁大方让进门的人不会有压力，饰品不能太多，一两个高低错落摆放，形成三角构图最显别致巧妙。

过道摆件

过道上除了悬挂装饰画，也可以增加些饰品提升空间感，不宜太多，以免引起视觉混乱，颜色、材质的选择跟家具、装饰画相呼应，饰品造型通常简单大方、搭配协调。

TIPS ▶ 过道上是经常来去活动的地方，这里的饰品摆放要注意位置的安全稳定，并且注意避免阻挡空间的动线。

装饰摆件色彩搭配

摆放位置周围的色彩是确定摆件颜色的依据，常用的方法有两种：一种配和谐色，即选择与摆放位置较为接近的颜色，如红色配粉色，白色配灰色，黄色配橙色等；另一种配对比色，即选择与摆放位置对比较强烈的颜色，比如黑色配白色，蓝色配黄色，白色配绿色等。通常对比色容易让气氛显得活跃，色彩协调则有利于表现优雅。

黄色与橙色摆件形成一组和谐色搭配

粉色莲花灯与蓝色石狮摆件形成对比色搭配

黄色将军罐起到点睛的作用

黑色烛台和花瓶表现出空间的个性气质

落地陶罐

楼梯口适合大而简洁的组合性装饰，简约自然的线条不会吸引人的视觉而引起长时间的停留，如一组大小不一的落地陶罐组合搭配干枝造型的装饰，古朴又有意境，不张扬不做作，凸显主人的品位。

TIPS ► 楼梯口的装饰容易被忽略，这里加上一组柜子或几个摆件，会使整个空间的装饰感得以延续，通过楼梯口的过渡，为即将看到的空间预留惊喜。注意依楼梯的形状由高至低排列，构筑和谐有层次的空间秩序。

古朴高雅

隐形的隔断除了划分区域，其装饰部分也是重点，适宜作为多宝格来展示居家的收藏品，如瓷器、玻璃类的饰品，营造高雅、古朴、新颖的格调。需要注意的是每个格子的饰品分布不要太分散，要紧凑而有层次。还要注意每个格子饰品颜色的协调搭配。

TIPS ▶ 多宝格隔断一定程度上阻隔室内的视线，为两个空间的过渡部分，饰品的格调、色彩须呼应两个空间的装饰，以达到美观且起到缓冲的作用。

亮色点睛

中式风格中常常用到格栅来分隔空间，装饰墙面，这些都是饰品摆件浑然天成的背景。在前面加一个与其格调相似的落地饰品，如花几或者落地花瓶，空间美感立即彰显。

TIPS ▶ 这里的饰品颜色宜选择亮色，与背景区分开。整体的高度不少于隔断的一半，让这个区域显得立体而有层次。

壁炉摆件

壁炉是欧美风格中最常见的装饰元素，通常是整个客厅的重点装饰部分，最基础的壁炉台面装饰方法是整个装饰区域呈三角型，中间摆放最高最大的背景物件（如镜子、画作等），左右两侧摆放烛台、植物等装饰来平衡视觉，底部中间摆放小的画框或照片，角落里可以点缀一些高度不一的小装饰品。

TIPS ▶ 壁炉除了上面需要放置装饰品之外，旁边也可适当加些落地装饰品，如果盘、花瓶，不生火时放置木柴等都能营造温暖的氛围。做旧的壁炉选择的配饰也是合适的复古风。褪色的木头与发黄的纸张、花色的砖壁与实木色的镜框，这些元素的搭配和谐又温馨。绿色松枝的点缀提亮了色彩，让壁炉看起来不至于太过破旧。

中式与美式混搭

传统中式与经典美式的混搭，融合了中式的清雅与美式的厚重。以青花瓷瓶装饰演绎了最从容的古典东方风韵。红棕色玄关柜的厚重感，在色彩上与青花的蓝白色完美搭配，恰好平衡了整个空间的色调。

TIPS ▶ 青花清新俊逸的气质使其在许多风格中都能非常好的增添装饰美感，如中式、美式、法式、东南亚风格等，主要以瓷器形式出现，或以装饰画、布艺花纹的形式融入空间，都形成宁静雅致的艺术气息。

乡村田园风格装饰摆件

简约风格装饰摆件

装饰摆件风格搭配

“ 现代简约风格家居应尽量挑选一些造型简洁的高纯度饱和色的装饰摆件。新古典风格中可以选择烛台、金属动物摆件、水晶灯台或果盘、烟灰缸等摆件。美式风格客厅经常摆设仿古做旧的工艺饰品，如略显斑驳的陶瓷摆件、鹿头挂件等。新中式风格客厅的饰品繁多，如一些新中式烛台、鼓凳、将军罐、鸟笼、木质摆件等，从形状中就能品味出中式禅味。”

新古典风格装饰摆件

新中式风格装饰摆件

美式风格装饰摆件

层次分明

相同空间的装饰品通常都有着格调或元素上的相似性彼此形成呼应，从颜色、材质、形状或主题上遵循同一种风格，在这个原则上展示各自的不同点，彼此互补，形成和而不同的组合关系，从而打造层次分明的视觉景象。

TIPS ▶ 在同一主题的饰品组合中，点缀一抹亮色，能点亮整个饰品群落乃至整个空间，也能丰富空间的层次。

三角形结构

餐厅台面的装饰品摆件形成了稳定的三角形摆场结构，与墙面硬装的酒柜的三角形结构形成很好的呼应，增强了空间的层次感。装饰摆件成组摆放时，可以考虑采用照相式的构图方式或者与空间中局部硬装形式感接近的方式，从而产生递进式的层次效果。

玻璃器皿

相同空间的装饰品通常都有着相近的格调或元素。北欧风格中，除了玻璃材质以外，出现较多的就是瓷质器皿。瓷质器皿的形态多样，颜色非常丰富，用途广泛。有的可以作为花瓶，有的可以作为餐具，甚至单独摆放也能出彩，因此把瓷质器皿放在北欧风格的居家环境中，能够衬托空间的气质。

利用灯光

摆放家居工艺饰品时要考虑到灯光的效果。不同的灯光和不同的照射方向，都会让工艺饰品显示出不同的美感。一般暖色的灯光会有柔美温馨的感觉，比较适合贝壳或者树脂等工艺饰品；如果是水晶或者玻璃的工艺饰品，最好选择冷色的灯光，这样会看起来更加晶莹剔透。

角几摆件

角几小巧灵活，其目的在于方便日常放置经常流动的小物件，如台灯、书籍、咖啡杯等，这些日常用品可作为饰品的一部分，再增添一些小盆栽或精美工艺品为配合就能营造一个自然娴雅的小空间。

TIPS ▶ 角几的旁边如果有空间可增加一些落地摆件，以丰富角几区域的层次，起到平衡空间视觉的作用。

花艺与花器搭配方案

◎中式风花艺与花器

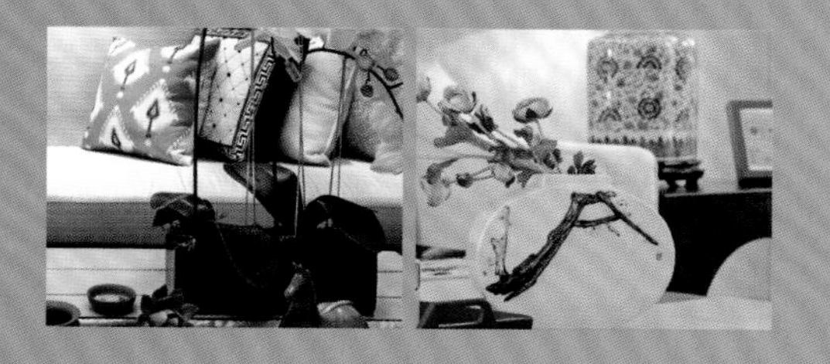

◎乡村风格花艺与花器

◎简约风格花艺与花器

◎欧式风格花艺与花器

花艺是通过鲜花、绿色植物和其他仿真花卉等对室内空间进行点缀。将花艺的色彩、造型、摆设方式与家居空间及业主的气质品位相融合，可以使空间或优雅、或简约、或混搭，风格变化多样。在家居装饰中，花器的种类有很多，从材质上来看，有玻璃、陶瓷、树脂、金属、草编等，而且各种材质的花器又拥有独特的造型，适合搭配不同的花卉。

自然意境

新中式风格的家具线条硬朗，颜色深沉，所以花艺摆件就成为整个空间的画龙点睛之处，能很好地软化空间，避免沉闷老气，花艺和花器的选择以雅致、朴实、简单温润为原则，烘托出整个空间的自然意境。数量上忌多，一般一两处即可。

TIPS ▶ 中式风格中的花器选择要符合东方审美，一般多用造型简洁，中式元素和现代工艺结合的花器。花材多以造型别致的干花为主。

树脂花器

陶瓷花器

装饰花器搭配

挑选花器也要根据花卉搭配的原则，如果想要装饰性比较强的花器，则要充分考虑整体的风格、色彩搭配等问题。通常玻璃花器适合与各种颜色的花搭配，陶瓷花器不适合与颜色较浅的花搭配，金属花器不适合搭配颜色过浅的花，而实木花器适合与各种颜色的花搭配。

玻璃花器

金属花器

高雅大气

新古典主义风格会给人以一种传统、中正、高雅、大气的感觉，在这样的空间中，花艺是不可或缺的，能够增加亲和力，软化传统中正效果中带来的些许生疏感。

TIPS ► 新古典风格中花器的选择也要跟整体格调协调统一，注重人工雕琢的盛装美。

浪漫精致

法式风格中，家具和布艺多以高贵典雅的淡色为主，强调材质纹理感和做工的精致，花艺在颜色选择上也要配合主题，多以清新浪漫的蓝色或者绿色为主。

TIPS ► 铜拉丝质感的花器在法式风格中很常见，给人浪漫精致感官体验。

简约花艺

现代简约风格顾名思义，家具和饰品都宜少。家具布艺颜色也多以素色的灰色和卡其色为主。在花艺的选择上也依然遵循简约风格的特点，一般选择造型简洁，体量较小的花艺作为点缀。

TIPS ▶ 简约风格中，花艺不能过多，一个空间最多两处，颜色要以空间的画品中的亮色作为呼应，效果最佳。

在客厅的角落布置相应主题的花艺

盛开的鲜花往往能给客厅中的人带来美好心情

客厅花艺搭配

“客厅是整个家的脸面，花艺布置主张热烈、美好、向上的情调，花艺搭配要与客厅整体风格协调，除了一些较大的花卉外，还可选用艳丽的花种，如红掌、扶郎花等。茶几上摆放盆式兰花为宜，也可用小陶罐等插成趣味式插花，还可在花架或书架上摆一盆蝴蝶兰、大花蕙兰、跳舞兰、香水文心兰等。

客厅电视一侧摆设落地花瓶也是一个不错的选择

面积较大的客厅可以把花艺摆设在边几上

客厅花艺通常摆放在茶几上

欧式花艺

欧式风格中空间比较大的区域，一般用大堆头型花艺作为装饰，起到分隔空间作用，花量大，形态饱满，隆重而且端庄，富有装饰性。

TIPS ► 欧式花艺以几何美学为基础，讲究平稳、端庄的对称美，有明确的贯穿轴线与对称关系。

艺术魅力

法式风格常选用晶莹剔透的玻璃花器搭配蓝紫色或粉紫色绣球，追求块面和群里的艺术魅力，让整个空间散发出浪漫和精致的味道。

TIPS ▶ 颜色艳丽的花艺与空间的色调形成反差，成为整个空间的视觉焦点，也是居室常用的装饰手法，能够让整个空间更有生活气息。

朴实风味

乡村风格崇尚自然美感，凸显乡村的朴实风味，用来缓解现代都市生活带给人们的压抑感，花艺和花器的选择也遵循“自然朴素”的原则。花器不要选择形态过于复杂和精致的造型，花材多以小雏菊、薰衣草等小型花为主。不需要造型，随意插摆即可。

TIPS ▶ 乡村风格中花艺可以在一个空间中摆放多个，或者组合出现，营造出随意自然的氛围。

简约之美

日式家居风格一直受日本和式建筑影响，强调自然主义，重视居住的实用功能。花艺的点缀也同样不追求华丽名贵，表现出纯洁和简朴。多以自然色系为主，常用草绿色、琥珀色等玻璃器皿搭配造型简单的干花。

TIPS ▶ 日式花艺结合建筑空间、陈列的应用，追求空间简约之美。

简洁大方

在现代简约家居之中很少见到烦琐的装饰，简洁大方、实用明快是其标准，体现了当今人们极简主义的生活哲学，空间显得干脆利落。白绿色与极简主义的黑白是最佳搭配。可以以相同色调不同形式，分别摆放在空间的各处，相互呼应。

TIPS ► 现代风格的花艺，多以几何形出现，花材选择广泛，花器尽量以单一色系或简洁线条为主，自然美与人工美和谐统一。

挂画造型的装饰绿植带来盎然春意

卧室花艺搭配

卧室是一个温馨的空间，摆放的花艺应该让人感觉身心愉悦。卧室适宜摆放略显宁静的小型盆花，如文竹等绿叶植物，也可摆放君子兰、金橘、桂花、满天星、茉莉等。床头柜上可摆放小型插花；高几上、衣柜顶部可摆放下垂型的插花；向阳的窗台上可摆放干花或人造花制作的插花。

利用鲜艳色彩的花艺点亮深色空间

花艺是美式乡村风格卧室中必不可少的装饰元素

小型花艺可以烘托出卧室宁静温馨的氛围

厨房花艺

厨房是家中最具功能性的空间，花艺装饰可以改变厨房单调乏味的形象，使人减缓疲劳，以轻松的心情进行家务劳动。花器尽量选择表面容易清洁的材质，便于清洁，花艺尽量选用以让人感到清新的浅色为主。

TIPS ▶ 厨房忌凌乱，切记在妨碍劳动位置摆放饰品。如不要在地面放置插花作品，以免妨碍通行，在靠近炉灶的位置也不宜放置插花，以防高温和煤气影响插花。

餐桌花艺

餐桌是用餐与交流的地方，花瓶的高度不宜太高，否则会影响到用餐者的视线。花瓶宜摆放于餐桌的中央，这样可以一边就餐一边欣赏鲜花。花艺的选择要与整体风格和环境颜色协调一致。选择橘色、黄色的花艺会起到增进食欲的效果。

TIPS ▶ 餐厅搭配若选择蔬菜、水果材料的创意花艺，既与环境相协调，亦别具情趣。

幽雅清静

书房是学习和研究的场所，需要一种安宁清静的环境氛围，宜陈设幽雅、别致、花枝清疏、小巧玲珑又不占空间的小型插花。花束以色彩淡雅，充满野趣，具有清新感的植物材料为佳。

TIPS ▶ 摆于写字台上的插花宜用野趣式或微型插花、插花小品等，书架上面可摆设下垂型插花，还可利用壁挂式插花装饰空间。书房装饰空间有限，摆放一两处即可。

放松心情

卧室不仅仅提供给我们舒适的睡眠，更是我们思考和抚慰心灵的地方。因此，花艺布置最应考虑色彩与氛围的协调搭配。避免选择鲜艳的红色、橘色等让人兴奋的颜色，尽量选择让人舒缓和放松的颜色。

TIPS ▶ 卧室是最需要宁静的，插花不宜过多。如插鲜花最好选择没有香味的花材。美式风格卧室花器的选择尽量温馨自然，如陶质、木质花瓶。

清爽洁净

因为卫生间环境明显不同于其他厅室环境的特点，一般光线暗，空气湿度大，有异味。所以卫生间布置以整洁安静的格调为主，搭配造型玲珑雅致、颜色清新的花艺作品，在浴室宽大镜子的映衬下，能让人精神愉悦，更能增加清爽洁净的感觉。

TIPS ▶ 卫生间多用白色瓷砖铺装墙面，同时空间狭小，装饰不求量多。清新的白绿色、蓝绿色是卫生间花艺的最好选择。

餐桌上的黄色花艺让空间瞬间变得活力十足

树脂花器搭配干花的装饰

餐厅花艺搭配

“餐厅布置的花艺不能太大，要选择色泽柔和、气味淡雅的品种，同时一定要有清洁感，不影响就餐人的食欲。常用的有玫瑰、兰花、郁金香、茉莉等。餐厅花艺一般装饰在餐桌的中央位置，不要超过桌子 1/3 的面积，高度在 25~30cm。如果空间很高，可采用细高形花器。一般水平形花艺适合长条形餐桌，圆球形花艺用于圆桌。”

餐桌上的花艺不能超过桌子三分之一的面积

圆形餐桌上适宜摆设圆球形花艺

中式花艺

新中式风格以传统文化内涵为设计基础，去除繁复雕刻，主张“天人合一”的精神。花艺设计也同样注重意境，追求绘画式的构图、线条飘逸，以花喻事、拟人、抒情、言志、谈趣。一般搭配其他中式传统韵味配饰居多，如茶器、文房用具等。

TIPS ►

中式花艺中花材的选择以“尊重自然、利用自然、融入自然”的自然观为基础，植物选择以枝杆修长、叶片飘逸、花小色淡、寓意美好的种类为主，如松、竹、梅、菊花、柳枝、牡丹、玉兰，迎春、菖蒲、鸢尾等。

增添生机

客厅的两侧角落和茶几上分别放置了绿色植物，形成一幅完整的三角形构图画面。而且绿植本身具有生命力，是其他软装饰品无法比拟的，可以给空间带来生机勃勃的景象。

TIPS ► 绿植作为一种软装饰品来布置客厅，可以给空间带来生机与活力，不过布置时要遵循构图原则，切忌随意散乱放置。

冷暖对比

低彩度的冷色系空间中，在茶几上特意摆放了一簇暖色的粉红色花卉，不但在色彩上形成了冷暖对比的效果，而且新鲜的花卉也给空间带来了勃勃生机。

TIPS ▶ 花卉作为软装饰品的重要元素，不但可以丰富装饰效果，同时作为空间情调的调节剂也是一种不错的选择。有的花卉代表高贵，有的花卉代表热情，利用不同的花卉就能创造出不同的空间情调。

餐桌礼仪
搭配场景

餐厅是家中最常用的功能区之一，一般布置餐具、烛台、花艺、桌旗、餐巾环等饰品。其中餐具是餐厅中最重要的软装部分，一套造型美观且工艺考究的餐具可以调节人们进餐时的心情，增进食欲。此外，餐具的摆放礼仪也十分讲究，应注意中式餐具与西餐餐具的布置手法相同。

◎中式风格餐桌摆设

◎简约风格餐桌摆设

◎欧式风格餐桌摆设

◎东南亚风格餐桌摆设

◎乡村风格餐桌摆设

温馨舒适

美式风格的特点是自由舒适，没有过多的矫揉造作，讲究氛围的休闲和随意。因此，餐桌要布置可以内容丰富，种类繁多，烛台、风油灯、小绿植，还有散落的小松果都可以作为点缀。餐具的选择不必是严格的一套，随意搭配，色彩明快，给人感觉温馨放松，食欲倍增。

TIPS ▶ 装饰物虽品类繁多，色彩鲜艳，但在摆放上也要注重细节和颜色的搭配，太过精致奢华的饰品不适合美式餐桌。

烛台是欧美风格餐具的最佳搭档

餐桌礼仪搭配法则

“在同一餐厅中的餐具一定要搭配协调。比如纯中式风格的餐具不要配用西式的烛台，细腻的骨瓷也不要与古拙的陶器同时出现在餐桌上。如果觉得同一款式、质地的餐具使餐桌的风格略显单调的话，穿插使用一些木制、竹制或金属质地的餐具来调节一下餐桌的冷暖或软硬感也是一种不错的选择。”

金色餐具搭配高脚玻璃杯显现出华丽的气质

充满浓郁传统文化气息的餐具摆场

东南亚风格餐具适合搭配竹制餐垫

清雅含蓄

中式风格追求的是清雅含蓄与端庄，在餐具的选择上大气内敛，不能过于浮夸，在餐扣或餐垫上体现中式传统韵味的吉祥纹样，以传达中国传统美学精神。常用带流苏的玉佩作为餐盘装饰。

TIPS ► 中式的餐桌上的装饰物不宜过多，盆景作为餐桌的主花是最佳选择，保持了整体风格的沉稳与雅致。

独具匠心

现代简约风格以简洁、实用、大气为主，对装饰材料和色彩的质感要求较高，餐桌的装饰物可选用金属材质，线条简约流畅，可以有力地体现这一风格。

TIPS ▶ 现代简约风格简约而不简单，装饰物在摆放上并非简单的堆砌，要独具匠心，做到既美观又实用。

自然之美

东南亚风格以其自然之美和浓郁的民族特色而著称，常应用藤编和木雕家居饰品，可以体现原始自然的淳朴之风，因此餐桌装饰也秉承这一原则。

TIPS ► 东南亚风格家具以沉稳的深色系为主，餐桌上可以适当添加一些色彩艳丽的装饰物，形成色彩反差，又有愉悦心情、增加食欲的作用。

餐具风格搭配

现代风格的餐厅软装设计中，采用充满活力的彩色餐具是一个不错的选择；欧式古典风格餐厅可以选择一些带有花卉、图腾等图案的餐具，搭配纯色桌布最佳，优雅而宁静，层次感分明；质感厚重粗糙的餐具，可能会使就餐意境变得独特，古朴而自然，清新而稳重，非常适合中式风格或东南亚风格的餐厅；镶边餐具在生活中比较常见，其简约不单调，高贵却又不夸张的特点，成为欧式风格与现代简约风格餐厅的首选餐具。

东南亚风格餐具摆场

乡村田园风格餐具摆场

中式风格餐具摆场

新古典风格餐具摆场

现代简约风格餐具摆场

法式浪漫

典雅与浪漫是法式软装一贯秉承的风格，因此餐具在选择上以颜色清新、淡雅为佳，印花要精细考究，最好搭配同色系的餐巾，颜色不宜出挑繁杂。

TIPS ► 银质装饰物可以作为餐桌上的搭配，如花器、烛台和餐巾扣等，但体积不能过大，宜小巧精致。

清新之感

北欧风格以简洁著称，偏爱天然材料，原木色的餐桌、木质餐具的选择能够恰到好处地体现这一特点，使空间显得温暖与质朴。不需要过多华丽的装饰元素，几何图案的桌旗是北欧风格的不二选择。

TIPS ► 除了木材，还可以点缀线条简洁、色彩柔和的玻璃器皿，以保留材料的原始质感为佳。

Farm · To · Fork
APPETIZER
Red Pepper Bisque
SALAD
Petite Hearts of Romaine
ENTREE

装饰收纳柜
搭配场景

◎中式风格装饰收纳柜

◎乡村风格装饰收纳柜

◎简约风格装饰收纳柜

◎欧式风格装饰收纳柜

装饰收纳柜是居家生活比较常见的家具，起到收纳与美化空间的作用，是软装搭配中十分重要的一环。在一个空间中，首先要考虑收纳柜的体量，过大或过小都会影响空间的稳定与协调；其次收纳柜的材质要和整体风格相呼应，才能取得更好的装饰效果，最后，装饰收纳柜台上摆设的饰品应组织好构图关系，达到平衡的空间效果。

奢华古典

要体现奢华和古典的氛围，除了在面料、颜色上能够实现以外，材质上的对比也是一个很好的切入点。不同材质拼接的家具往往需要更精致的做工，更能够看出主人的品位和地位。两种高光木质面板结合的边柜，颜色上的对比和单人沙发一样鲜明，互相增色不少。

楼梯装饰柜

楼梯下角落虽然不大，但也是体现风格和品位不可忽视的空间。可以选用别具风格的装饰柜进行美化，并搭配以简单的摆件，如花器、图书等，装饰柜的风格同样要与整体空间相一致。

TIPS ▶ 一般楼梯下空间较小，选择的装饰柜也宜少量、精巧、别致，以免显得空间逼仄拥挤。

手绘床头柜

床头柜作为卧室家具中不可或缺的一部分，不仅方便放置日常物品，对整个卧室也有装饰的作用。选择床头柜时，风格要与卧室相统一，如柜体材质、颜色，抽屉拉手等细节，都不能忽视的。

TIPS ▶ 床头柜通常搭配同风格的台灯，美观又实用，更可配以简单的花器和花束，丰富空间色彩，使卧室看起来更加温馨、舒适。

灰蓝色收纳柜与装饰柜的色彩互相呼应

做旧工艺装饰**收纳柜**

“ 人工做旧家具上的痕迹就像岁月留下的故事，斑驳的同时也更具观赏性与厚重感。通常家具的木质部分通过凹痕、虫洞、印痕来表现“做旧”，而布艺或者皮质部分则通过花纹和光泽度来体现。和传统的复古家具相比，做旧家具是工艺上的一种革新，从单纯的风格复古走向了材质复古。一般做旧家具比普通新家具高出 50% 左右的价格，因为做旧家具需要经过布印、层次、喷点、面涂的选择等多道工序，较为烦琐和费时。”

多个色彩和大小不一的抽屉让收纳柜的装饰性更强

灰色收纳柜适用于乡村复古风格家居

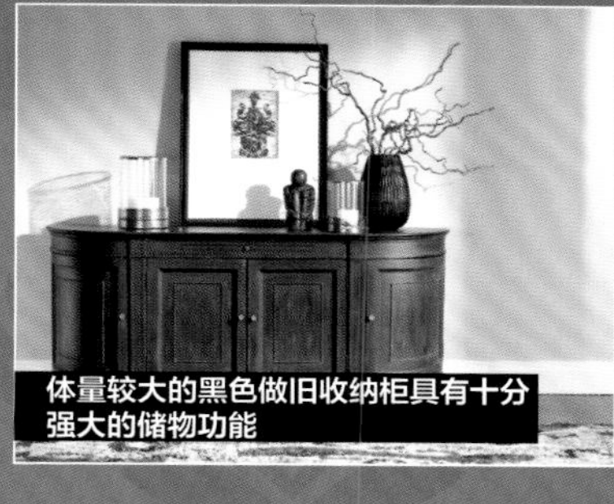
体量较大的黑色做旧收纳柜具有十分强大的储物功能

中式风格的做旧收纳柜独具传统文化韵味

美式电视柜

电视柜是客厅不可或缺的装饰部分，在风格上要与空间内的其他陈设保持协调一致，达到和谐统一的效果。一般美式风格都选择造型厚重的整体电视柜来装饰整面墙。

TIPS ► 电视背景墙装饰柜兼具收纳和美化的双重功能，封闭的部分可以用来收纳物品，敞开的部分可展示装饰品摆件。体量要根据客厅的面积选择，太大太厚的柜子会让空间显得拥挤。

隔厅柜

隔厅柜一柜多用，首先发挥隔离空间的作用，使客厅与其他功能区完美过渡，又具备一定的储物功能，同时可以搭配放置一些装饰物或书籍，既美观又不失单调，视觉效果更为和谐。

TIPS ▶ 隔厅柜也可以选择与整体风格统一的组合柜体，但要以不影响功能区之间的采光为前提。

餐边柜

餐边柜可以提升餐厅的颜值，也是就餐时一道赏心悦目的风景。因餐桌与餐边柜不可分割，因此挑选餐边柜要同款配套，或与餐桌的材质和颜色相近。柜体上还可搭配适量的摆件，如花器、酒瓶等。

TIPS ► 选择餐边柜，放置的位置和尺寸很重要，一般柜深不宜太大，否则会占用过多空间，显得拥挤。

TIPS ▶ 为避免空间显得局促拥挤，玄关家具并不以收纳为主要功能，选择一两件即可，样式要精致，并与整体风格协调一致。

过道端景

玄关柜可谓整体设计思想的浓缩，在房间装饰中起到画龙点睛的作用。走廊或通道尽头的空间常放置玄关柜来丰富空间，一般搭配挂画、摆件、画框等装饰，可以塑造曲径通幽的意境。

彩色鞋柜

美式风格的家居以功能性和实用舒适为选择的重点。颜色丰富、造型别致的多斗橱是体现自由、随意的不二选择，桌面上可放置书籍、花器、摆件等作为装饰，使空间更舒适温馨。

TIPS ► 装饰柜不必精致，甚至些许瑕疵都是可以允许的，如做旧的柜体表面，斑驳的漆面等，恰恰体现了美式的粗犷和淳朴。

回纹图案

新中式风格融合了传统文化和当代文化。装饰柜的设计宜简洁大方又不失风格，可选择带有回纹、云纹等图案的柜体，更好地体现传统文化。

TIPS ▶ 中式风格装饰柜上的空间，一般搭配水墨画、瓷器等，并可放置一些绿植，丰富视觉效果。

玄关柜

入室玄关柜是放置鞋子、包包等物品的地方，具备一定的储物功能。同时，精美的玄关柜能给客人带来良好的第一印象。桌面可以陈设一些小物件，如镜框、花器等，提升美感。

TIPS ► 玄关处可方便脱衣换鞋，最好将鞋柜等做成隐蔽式，且装饰应与住宅风格协调，起到过滤的作用。